Berhanu Hiruy
Emana Getu

A contribuição das pragas de insectos de armazenagem para a insegurança alimentar em África

Berhanu Hiruy
Emana Getu

A contribuição das pragas de insectos de armazenagem para a insegurança alimentar em África

Contribuição das pragas de insectos para a insegurança alimentar

ScienciaScripts

Imprint

Any brand names and product names mentioned in this book are subject to trademark, brand or patent protection and are trademarks or registered trademarks of their respective holders. The use of brand names, product names, common names, trade names, product descriptions etc. even without a particular marking in this work is in no way to be construed to mean that such names may be regarded as unrestricted in respect of trademark and brand protection legislation and could thus be used by anyone.

Cover image: www.ingimage.com

This book is a translation from the original published under ISBN 978-620-2-19687-1.

Publisher:
Sciencia Scripts
is a trademark of
Dodo Books Indian Ocean Ltd. and OmniScriptum S.R.L publishing group

120 High Road, East Finchley, London, N2 9ED, United Kingdom
Str. Armeneasca 28/1, office 1, Chisinau MD-2012, Republic of Moldova, Europe
Printed at: see last page
ISBN: 978-620-8-03086-5

Índice

1. Introdução

A agricultura é em grande parte tradicional e os grãos constituem a maior parte da produção alimentar em África, ou seja, sorgo, milho, arroz, trigo e painço para os cereais e feijão-frade, feijão seco, amendoim, grão-de-bico e amendoim para as leguminosas são mais comuns em África. Paradoxalmente, os países tropicais africanos, incluindo a Etiópia, estão entre os líderes mundiais da insegurança alimentar (Nukenine, 2010). Além disso, prevê-se que a população mundial atinja 9,1 mil milhões até 2050 e que quase todo este crescimento ocorra em países menos desenvolvidos como a África (Hodge *et al.*, 2010). Este crescimento inevitável da população e a já referida questão da insegurança alimentar em África, especialmente na África subsariana, colocarão uma procura crescente na produção e na produtividade dos cereais e de outros grãos alimentares, que atualmente constituem 67-80% do abastecimento alimentar e da dieta humana (FAO, 2009).

Consequentemente, ao longo das últimas décadas, foram afectados recursos e esforços significativos para aumentar a produção alimentar, em vez de reduzir as perdas pós-colheita causadas por pragas de insectos de armazenagem e outros factores. Por exemplo, 95% dos investimentos em investigação durante os últimos 30 anos centraram-se no aumento da produtividade e apenas 5% foram direcionados para a redução das perdas (WFLO, 2010). Tal como muitos outros países do mundo, a Etiópia também se concentra mais na utilização de tecnologia agrícola de base científica para melhorar a produção agrícola (mais especificamente a produção vegetal) através do aumento do rendimento da comunidade rural, em vez de se concentrar de forma equivalente na redução das perdas atribuídas aos factores acima referidos (FDRE, 2011).

No entanto, na Etiópia, entre outras coisas, a segurança alimentar está fortemente ameaçada por perdas pós-colheita excessivas causadas por pragas de insectos de produtos armazenados, em situações de pequenos agricultores e a nível nacional, predominantemente causadas pelo gorgulho do milho e pela traça do grão de Angoumois (Worku *et al.*, 2012). As estimativas baseadas em algumas observações limitadas indicaram que as perdas de grãos de milho devido apenas a pragas de insectos de armazenamento são de cerca de 30-100% (Abraham 2003; Girma, 2006). Como resultado, os pequenos agricultores acabam por vender os seus grãos logo após a colheita, apenas para os comprar de volta a um preço caro apenas alguns meses após a colheita, caindo numa armadilha de pobreza (Tadele Tefera e Adebayo Abass, 2012).

Além disso, a população mundial, em particular da África Subsariana (ASS), está a aumentar mais rapidamente do que o crescimento da oferta de alimentos, e os recursos utilizados para a produção de alimentos estão a tornar-se cada vez mais escassos (Hodges *et al.*, 2010). Além disso, a produção e a produtividade alimentar não acompanham o ritmo da população cada vez maior da África Subsariana (em particular da Etiópia), caracterizada pela prevalência da pobreza e da insegurança alimentar (Gezahagn Walelign, 2008). Assim, a melhoria da produção e da produtividade agrícolas é insuficiente para garantir a segurança alimentar em África, especialmente na ASS como a Etiópia, embora seja necessário aumentar os rendimentos das famílias rurais e o acesso aos alimentos disponíveis (Hassan, 2010).

Em África, a maior parte dos cereais é produzida por pequenos agricultores e a segurança alimentar destes depende não só do seu sucesso no cultivo, mas também do seu sucesso no armazenamento dos alimentos básicos de que necessitam para as suas famílias, com uma perda mínima de quantidade e qualidade, utilizando um método eficaz que possam pagar (Blum e Bekele, 2002). Para além disso, a fome e a subnutrição podem existir apesar de uma produção alimentar adequada e podem ser o resultado de uma distribuição desigual, de perdas e da deterioração dos recursos alimentares disponíveis. Por conseguinte, a utilização máxima dos alimentos disponíveis e a minimização das perdas de alimentos pós-colheita são absolutamente essenciais (Chakraverty *et al.*, 2003). Em última análise, a segurança alimentar na África Subsaariana depende em grande parte não só da melhoria da produtividade alimentar através da utilização de boas práticas agrícolas sustentáveis (BPAs), mas também da redução das perdas pós-colheita causadas por pragas de insectos de armazenamento e outros factores (Ogendo *et al.*, 2004).

A razão por detrás do cenário acima referido é que um aumento da produtividade da terra sem o correspondente aumento do armazenamento, transformação e preparação de alimentos nutritivos a partir do excesso de colheita pode aumentar as perdas pós-colheita numa magnitude superior a 40% (Tadele Tefera e Adebayo Abass, 2012). Além disso, o aumento da produção pode levar a uma agricultura mais intensiva ou a uma maior área cultivada, o que pode prejudicar o ambiente, especialmente quando as famílias rurais pobres cultivam em ecossistemas frágeis ou em terras marginais. Por conseguinte, a redução das PHLs pouparia recursos de produção escassos e poderia diminuir os danos ambientais (Hodges *et al.*, 2010). Assim, ao nível dos agregados familiares individuais nos países em desenvolvimento como a ASS, a redução das PHL em vez de aumentar a quantidade de alimentos cultivados poderia aumentar a disponibilidade de alimentos através da redução das perdas físicas e do aumento do rendimento proveniente das melhores oportunidades de mercado que poderiam ser utilizadas para comprar alimentos (Banco Mundial, 2010).

O termo perda pós-colheita (PHLS) refere-se à perda quantitativa e qualitativa mensurável de alimentos no sistema pós-colheita (De Lucia e Assennato, 1994), que pode ocorrer devido a uma série de causas, tais como o manuseamento inadequado ou a deterioração biológica por microrganismos, insectos, roedores ou aves (Hodges *et al.*, 2010). As perdas (PHLS) variam consoante a variedade da cultura, o ano, a praga, o período de armazenamento, os métodos de debulha, secagem, manuseamento, armazenamento, processamento, transporte e distribuição, de acordo com o clima e a cultura em que os alimentos são produzidos e consumidos. No caso dos cereais, as perdas globais pós-colheita são geralmente estimadas em cerca de 5-20%, ao passo que no caso dos frutos e produtos hortícolas podem variar entre 20% e 50% (Chakraverty *et al.*, 2003). Assim, o fornecimento de alimentos à população em expansão do mundo em geral e à população em expansão de África (especialmente da África Subsariana, incluindo a Etiópia) tem sido sempre um desafio para a humanidade. Entre todos os factores que afectam a PHLS, um dos mais importantes é a concorrência dos insectos-praga (http://www.icipe.org, consultado em 5/9/2014).

Assim, em países em desenvolvimento como a África, a falta de tecnologias adequadas de armazenamento de grãos leva a perdas pós-colheita de 20-30%, particularmente devido a pragas de insectos pós-colheita (Tadele Tefera e Adebayo Abass, 2012). Estas perdas de grãos durante o armazenamento por pragas de insectos podem atingir 50% da colheita total em alguns países onde a tecnologia moderna não é introduzida (Ortiz *et al.*, 2007).

Assim, a perda de culturas devido a pragas de insectos constitui um grande constrangimento para a realização da segurança alimentar não só em África em particular, mas também em todo o mundo. Além disso, o ataque por estas pragas de insectos a cereais armazenados é muito crítico para a segurança alimentar, porque ocorre em pontos onde não há possibilidade de compensação (Obeng-Ofori, 2008). Por conseguinte, proteger as culturas de tais perdas é um passo importante para garantir a segurança alimentar (Kamanula *et al.*, 2011). A análise dos números relativos à ajuda alimentar, à importação de alimentos e à segurança alimentar em comparação com as perdas pós-colheita também sugeriu que a resolução das perdas de armazenamento poderia ter um impacto significativo na segurança alimentar e no rendimento agrícola sem aumentar a pressão sobre a terra (Abraham *et al.*, 2008).

Por conseguinte, é absolutamente essencial compreender e adotar boas práticas de gestão pós-colheita, tais como a melhoria da aplicação das abordagens existentes ao manuseamento pós-colheita, a introdução de novas tecnologias e a adoção de novas disposições de comercialização, tais como a comercialização colectiva ou novas instituições financeiras, para reduzir as perdas acima mencionadas (PHLS) devido a pragas de insectos pós-colheita (Abebe H. Gabriel e Bekele Hundie, 2006).

Juntamente com a compreensão e a adoção de boas práticas de gestão pós-colheita, a gestão de pragas de insectos de armazenamento através de diferentes técnicas de gestão de forma integrada poderia aumentar a disponibilidade de alimentos, reduzindo as perdas e aumentando o rendimento das oportunidades de mercado melhoradas que poderiam ser usadas para comprar alimentos e, eventualmente, fornecer uma contribuição importante para minimizar a insegurança alimentar não só na ASS e outros países africanos, mas também em todo o mundo (Gwinner *et al.*, 1990).

A partir de todos os conceitos acima mencionados, é possível compreender a presença de lacunas de investigação que abordam a perda pós-colheita, que ameaça grandemente a segurança alimentar dos agricultores pobres em recursos em toda a ASS (particularmente devido a pragas de insectos de armazenamento) igualmente à melhoria da produtividade agrícola. Assim, o objetivo desta revisão do seminário é desencadear e relembrar os investigadores, decisores políticos e outros organismos envolvidos no sentido de abordar a redução da perda pós-colheita (especialmente devido a pragas de insectos de armazenamento) de forma equivalente à melhoria da produção e produtividade agrícola, de modo a garantir os objectivos de segurança alimentar na ASS. Este aspeto é crucial para garantir a segurança alimentar e alimentar a população cada vez maior de África em geral e da Etiópia em particular. Por conseguinte, deve ser dada uma ênfase especial a este domínio. Por conseguinte, este documento analisa o significado dos cereais e a sua perda pós-colheita, as pragas comuns de insectos dos cereais armazenados e a sua importância, bem como a contribuição das pragas de insectos dos cereais armazenados para a insegurança alimentar em África em geral e na Etiópia em particular.

2. A importância dos cereais e das suas perdas pós-colheita em África

2.1. A importância dos cereais

Os cereais são importantes fontes de alimentação para o homem e os seus animais (Padin *et al.*, 2002). No entanto, os cereais são geralmente produzidos numa base sazonal e, em muitos locais, há apenas uma colheita por ano, que, por sua vez, pode estar sujeita a falhas. Isto significa que, para alimentar a população mundial, a maior parte da produção global de milho, trigo, arroz, sorgo e painço tem de ser armazenada por períodos que variam de um mês a mais de um ano, pelo que o armazenamento de cereais ocupa um lugar vital nas economias dos países desenvolvidos e em desenvolvimento (FAO, 1994). Da mesma forma, os cereais como o milho, o sorgo, o arroz, o trigo e o painço também são importantes em muitos países africanos, figurando geralmente entre os primeiros cinco cereais e as primeiras 15 culturas em termos de produção (Nukenine, 2010).

A razão por detrás da importância acima mencionada dos cereais para a população mundial em geral e para a população africana em particular é o facto de serem os principais fornecedores de energia alimentar e de fornecerem uma quantidade significativa de proteínas, minerais (potássio e cálcio) e vitaminas (vitamina A e C) (Golob *et al.*, 2002). Além disso, são consumidas numa variedade de formas, incluindo bolos, pães, bebidas, etc., dependendo da afiliação étnica ou religiosa. O farelo, a casca, as partes da planta e outros resíduos (após a transformação) são também úteis como alimentos para animais e na cultura de microrganismos (Nukenine, 2010). Além disso, o xarope de cera e a goma são extraídos dos cereais para fins industriais (Ismaila *et al.*, 2010). Assim, os grãos de cereais são os principais alimentos básicos da África Subsariana (ASS) e representam quase 40% dos rendimentos agrícolas (Hodges *et al.*, 2010), ou seja, estima-se que a produção agrícola na ASS representa cerca de 70% dos rendimentos típicos, dos quais as culturas de grãos representam cerca de 37%, em média (Banco Mundial, 2011). Além disso, para a maioria da população da ASS, os cereais são a base da segurança alimentar e uma componente vital dos meios de subsistência dos pequenos agricultores, constituindo cerca de 55% do seu cabaz alimentar (FAO, 2006).

No entanto, estima-se que mais de 75% da produção local de cereais na África Subsariana (ASS) é assegurada por pequenos agricultores (FAO, 2011). Por exemplo, foi relatado que cerca de 90% dos agregados familiares rurais no Quénia cultivam milho (Kimatu *et al.*, 2012).

Do mesmo modo, os cereais são importantes culturas alimentares e de rendimento para os agricultores e as famílias rurais na Etiópia (Schneider e Anderson, 2010) e forneceriam cerca de 70% do consumo médio de calorias dos etíopes (Howard *et al.*, 1995). Entre eles, o trigo, o sorgo e o milho fornecem mais de 50% da ingestão calórica diária média. Além disso, a produção de cereais representa cerca de 60% do emprego rural e 80% do total de terras cultivadas (Schneider e Anderson, 2010). Além disso, juntamente com as leguminosas e as culturas oleaginosas, constituem as principais fontes de ingestão alimentar na Etiópia, representando 82% da ingestão total de calorias e 70% da despesa alimentar total (Abebe H. Gabriel, 2000). No entanto, a produção de cereais na Etiópia é praticamente uma atividade de pequenos agricultores, tal como já foi referido para a África Subsariana em geral, e os níveis de rendimento são dos mais baixos do mundo (Abebe H. Gabriel e Bekele Hundie, 2006), como se pode ver no quadro 1. Estudos indicam que, do total de cereais produzidos pelos agricultores, apenas cerca de um quarto é comercializado (Eleni Gabre-Madhin, 2001), sendo a maior parte da produção retida para consumo na exploração (Abebe H. Gabriel e Bekele Hundie, 2006).

Assim, entre os países da África tropical subsariana, a Etiópia apresenta um dos desafios globais mais importantes em matéria de desenvolvimento agrícola. É um dos países mais pobres do mundo e o seu sector agrícola é responsável por cerca de 40% do PIB (Produto Interno Bruto) nacional, 90% das exportações e 85% do emprego (Gezahagn Walelign, 2008). Além disso, a pobreza rural é ainda agravada pela extrema escassez de terras nas terras altas, em que a área de terra per capita caiu de 0,5 ha na década de 1960 para apenas 0,2 ha em 2005, e por uma produtividade marginal do trabalho que se estima próxima de zero (Byerlee *et al.*, 2007). Assim, a melhoria da produção e da produtividade agrícolas, em especial dos cereais, é absolutamente essencial na ASS, como a Etiópia, por muitas razões, incluindo a realização do objetivo de segurança alimentar. Por conseguinte, a produção e a produtividade de cereais como o milho aumentaram na Etiópia desde o desenvolvimento de variedades híbridas de elevado rendimento através da investigação (Sori e Ayana, 2012).

No entanto, a produção e a produtividade alimentar não acompanham o ritmo do aumento constante da população da África Subsariana (SSA) (particularmente da Etiópia, que aumenta a uma taxa de 3,3% por ano), caracterizado pela prevalência da pobreza e da insegurança alimentar (Gezahagn Walelign, 2008).

Quadro 1. Níveis de superfície, produção e rendimento dos cereais (média 1974-1999).

Cultura	Área (000 ha)	Produção (000 qts)	Rendimento (quintais/ha)		
			Etiópia	Melhor do mundo	Média mundial
Trigo	665.57	7,787.27	11.71	57 (Hollan	d 28
Pouco	838.97	9,164.25	11.06		
Teff	1,535.83	13,097.21	8.55		
Milho	1,033.11	16,063.96	15.48	74 (Nova Zelândia)	30
Sorgo	837.86	10,134.58	11.92	48 (Espanha)	13
Cereais (Total)	**5,115.00**	**57,869.41**	**11.28**		

Fonte: Abebe H. Gabriel e Bekele Hundie (2006).

2.2. Perdas pós-colheita de cereais

Os grãos podem ser perdidos nas fases de pré-colheita, colheita e pós-colheita. As perdas pré-colheita ocorrem antes do início do processo de colheita e podem ser devidas a insectos, ervas daninhas e ferrugem, enquanto as perdas de colheita ocorrem entre o início e a conclusão da colheita e são causadas principalmente por perdas devidas ao estilhaçamento (http://www.en.wikipedia.org/wiki/, consultado em 20/9/2014).

No entanto, as perdas pós-colheita ocorrem entre a colheita e o momento do consumo humano, e incluem perdas na exploração, como quando o grão é debulhado, peneirado e seco, bem como perdas ao longo da cadeia durante o transporte, armazenamento e processamento (Harris e Lindblad, 1978). O termo perda pós-colheita (PHL) refere-se a perdas quantitativas e qualitativas mensuráveis no sistema pós-colheita (De Luci e Assennato, 1994).

O sistema pós-colheita, por sua vez, refere-se a uma cadeia de actividades interligadas desde o momento da colheita até à entrega dos alimentos ao consumidor, muitas vezes referida como "da exploração agrícola até à mesa" (Golob *et al.*, 2002, Hodges *et al.*, 2010). Ou seja, a pós-colheita envolve todas as actividades que ocorrem após a produção de produtos agrícolas, incluindo o armazenamento, a embalagem, a aquisição, o transporte, o processamento e a comercialização de produtos agrícolas desde a exploração agrícola até aos distribuidores, quer para consumo interno quer para exportação (Golob *et al.*, 2002) e a sua perda implica, portanto, a perda que ocorre durante todas estas actividades.

Estas PHLS em geral podem ser classificadas como físicas (i.e., diminuição do volume ou deterioração do estado), nutricionais (nomeadamente, cereais contaminados com aflatoxina), monetárias (i.e., alteração do valor unitário de venda), ou económicas (i.e., impossibilidade de aceder a certos mercados) (Banco Mundial, 2010). Por outras palavras, durante as operações pós-colheita, pode haver perdas tanto de quantidade de cereais (por exemplo, perdas físicas ou de peso) como de qualidade (por exemplo, perda de comestibilidade, qualidade nutricional, valor calórico, aceitabilidade do consumidor, etc.) (Banco Mundial, 2011). As PHL qualitativas podem levar a uma perda de oportunidades de mercado e de valor nutricional; em determinadas condições, podem constituir um perigo grave para a saúde se estiverem associadas ao consumo de cereais contaminados com aflatoxinas (Hodges *et al.*, 2010).

Entre os estágios de perda de grãos mencionados acima, volumes significativos de grãos nos países em desenvolvimento são perdidos após a colheita (durante este estágio pós-colheita), agravando a fome e resultando em desperdício de insumos caros, como fertilizantes, água de irrigação e trabalho humano (Banco Mundial, 2011).

Por outras palavras, as perdas pós-colheita podem incluir não só a perda da própria cultura, mas também danos no ambiente, a falta de retorno dos recursos e do trabalho necessários para produzir a cultura e uma diminuição dos meios de subsistência dos indivíduos envolvidos no processo de produção (http://www.agri.gov.il/download/files/1312course, consultado em 14/1/2014). Ou seja, as perdas pós-colheita também têm um impacto na degradação ambiental e nas alterações climáticas, uma vez que a terra, a água, o trabalho humano e os recursos não renováveis, como os fertilizantes e a energia, são utilizados para produzir, processar, manusear e transportar alimentos que ninguém consome (Tadele Tefera e Adebayo Abass, 2012). Quando se perde 30 por cento de uma colheita, a mesma percentagem dos factores que contribuíram para a sua produção também é desperdiçada (http://www.agri.gov.il/download/files/1312course, consultado em 14/1/2014).

A magnitude das perdas de cereais após a colheita, reais ou esperadas, também influenciaria o comportamento dos agricultores no mercado, ou seja, na ausência de um mercado de seguros em funcionamento, o receio de correr um risco elevado de perda de cereais pode induzir os agricultores a desfazerem-se da maior parte dos seus produtos imediatamente após a colheita e, provavelmente, a recomprá-los numa data futura. Obviamente, isto implicaria discrepâncias de preços entre as estações, o que afectaria o nível de rendimento dos agricultores e, por conseguinte, o acesso aos alimentos (Abebe H. Gabriel e Bekele Hundie, 2006).

Por conseguinte, estas perdas após a colheita privam os agricultores dos benefícios totais do seu trabalho (Hodges *et al.*, 2010). Como resultado, as perdas de grãos após a colheita são o maior problema na produção agrícola em países em desenvolvimento como a Etiópia (Mashilla, 2004). Por exemplo, entre os tipos de perdas (PHLS) mencionados acima, o Sistema Africano de Informação sobre Perdas Pós-colheita (APHLIS) apresenta estimativas detalhadas de perdas de peso para oito cereais diferentes em 16 países da África Oriental e Austral. De acordo com estas estimativas, as perdas pós-colheita variam tipicamente entre 0-05 e 0-35, variando consoante a cultura e a localização geográfica. Talvez a perda de qualidade, o valor de mercado perdido e a oportunidade perdida não tenham sido estimados no APHLIS (Hodges *et al.*, 2010; 2011).

Além disso, de acordo com as suas estimativas (APHLIS), as perdas físicas agregadas de grãos (antes do processamento) para seis cereais principais nos países acima mencionados (África Oriental e Austral) podem variar entre 10 e 20 por cento (Banco Mundial, 2010). Esta plataforma de informação APHLIS baseia-se em estimativas de PHL de investigadores nacionais que estavam bem abaixo dos 40-50% frequentemente citados na comunidade de desenvolvimento (Banco Mundial, 2011). Por conseguinte, foi sugerido que, só para a África Oriental e Austral, o valor desta perda de peso ascende a cerca de 1,6 mil milhões de dólares americanos ou cerca de 15% do valor total da produção de cereais (11 mil milhões de dólares americanos) por ano (Hodges *et al.*, 2010; 2011, Banco Mundial, 2011), como se mostra no quadro 2.

De acordo com Hodges *et al.,* (2010) e o Banco Mundial (2011), a estimativa acima mencionada pode ser alargada a toda a ASS, embora faltem dados para alguns dos principais produtores, nomeadamente a Nigéria. Se se assumir que os PHLS são semelhantes noutros países da ASS que produzem cereais, então as perdas de peso anuais da ASS são avaliadas em cerca de 4 mil milhões de dólares americanos por ano de um valor de produção de cereais estimado em 27,4 mil milhões de dólares americanos (Hodges *et al.*, 2011).

A estimativa do valor anual das perdas da ASS acima mencionada excede o valor da ajuda alimentar total recebida pela ASS na década de 1998-2008, equivale ao valor das importações de cereais para a ASS no período de 2000-2007 e é equivalente às necessidades calóricas anuais de pelo menos 48 milhões de pessoas (Banco Mundial, 2010; 2011, Hodges *et al.*, 2011). Além disso, com a taxa de produção e as perdas médias acima mencionadas, uma mera redução de 1% nas PHLs dos cereais poderia valer cerca de 40 milhões de dólares americanos por ano (Hodges *et al.,* 2010).

Como resultado, as perdas pós-colheita são reconhecidas como sendo um dos constrangimentos críticos à segurança alimentar entre os agricultores pobres em África (Owusu, 2001; Owusu *et al.*, 2007). São o resultado tanto da dispersão dos grãos devido ao mau manuseamento pós-colheita (colheita, debulha, transporte) como da bio-deterioração provocada por organismos nocivos que incluem insectos, bolores e fungos, roedores e, por vezes, aves (Hodges *et al.*, 2010, Hodges *et al.*, 2011).

Os efeitos da bio-deterioração são agravados por danos mecânicos durante o manuseamento, uma vez que os grãos partidos são muito mais susceptíveis a outros tipos de declínio de qualidade, como o ataque de pragas. Além disso, uma proteção inadequada do armazenamento permite a entrada de água e facilita o acesso   de insectos e roedores (http://www.rural21.com/uploads/media/rural, consultado em 20/9/2014). As perdas pós-colheita devido à deterioração biológica podem começar quando a cultura atinge a maturidade fisiológica, ou seja, quando os teores de humidade dos grãos atingem 20-30% e a cultura está próxima da colheita. É nesta fase, enquanto a cultura ainda está no campo, que as pragas de armazenamento podem fazer o seu primeiro ataque (http://www.aphlis.net/, consultado em 20/9/2014). Além disso, entre os organismos vivos (bióticos) mencionados acima, os insectos são responsáveis pelas maiores perdas de armazenamento em cereais e leguminosas (Nukenine, 2010).

A PHLS também pode ser muito influenciada pelas condições de produção (fases de pré-colheita). Por exemplo, a seca do final da estação e os danos mecânicos às vagens durante a pré-colheita são fatores importantes que contribuem para a contaminação por aflatoxinas e o subsequente crescimento de fungos durante as etapas pós-colheita (Golob *et al.*, 2002). Portanto, um passo crítico na minimização da PHLS é a compreensão da influência dos factores biológicos e ambientais, bem como das práticas de manuseamento na deterioração do produto, e a compreensão das tecnologias e práticas pós-colheita que irão abrandar o processo e manter a qualidade e segurança do produto (Golob *et al.*, 2002). Além disso, a adoção de melhores práticas pós-colheita é fundamental para qualquer esforço de redução das perdas acima referidas (PHLS). Isso inclui a melhoria da aplicação das abordagens existentes para o manuseio pós-colheita (por exemplo, garantir a higiene básica), a introdução de novas tecnologias (melhores secadores de grãos, vendedores, lojas, etc.) e a adoção de novos arranjos de comercialização, como a comercialização coletiva ou novas instituições financeiras (http://www.rural21.com/uploads/media/rural, consultado em 20/9/2014).

Se as perdas pós-colheita devidas às pragas de insectos de armazenamento acima mencionadas e a outros factores puderem ser minimizadas, muitos países do mundo e África em geral, e a Etiópia em particular, podem tornar-se auto-suficientes em termos alimentares (Chakraverty *et al.*, 2003).

Quadro 2. Produção anual de diferentes cereais em toneladas, % estimada de perdas de peso pós-colheita e valor financeiro das perdas de peso para 16 países da África Oriental e Austral em 2007

Grãos Tipo	Produção anual de 16 países da África Oriental e Austral (milhões de toneladas) Média 2005-2007	Preço médio no produtor local (US$/tonelada)*	Valor estimado da produção (US$ milhões)	Estimativas da perda de peso média regional	Valor das perdas de peso (milhões de dólares)
Milho	27.01	46-18	5258	17-5	920
Sorgo	4.72	250-05	1181	11-8	139
painço	1.65	305-34	510	11-7	60
Arroz	5-15	405-53	2089	11-5	240
Trigo	5-25	274-36	1441	13-0	187
Pouco	1-71	281-53	481	9-9	48
Total	46-18		10960		1594

Fonte: Hodges *et al.*, (2010), Banco Mundial (2010, 2011).

3. Pragas de insectos dos cereais armazenados e sua importância em África

3.1. Insectos pragas comuns dos cereais armazenados

Os insectos nocivos comuns registados nos cereais e leguminosas armazenados em África são apresentados no quadro 2 abaixo. No entanto, tradicionalmente, os gorgulhos dos cereais, *Sitophilus* spp. (Coleoptera: Curculionidae) e a traça dos cereais de Angoumois, *Sitotroga cerealella* (Olivier) (Lepidoptera: Gelechiidae) nos cereais e três géneros de bruquídeos, *Acanthoscelides, Zabrotes* e *Callosobruchus* spp. nas leguminosas são as pragas mais importantes dos cereais armazenados em África (Abate *et al.*, 2000). Estas e outras pragas de insectos que abrigam os produtos pós-colheita mais importantes do ponto de vista económico pertencem geralmente a dois grupos principais, tais como Coleoptera (escaravelhos) e Lepidoptera (traças e borboletas) (Emana e Tsedeke, 1999).

Várias espécies de Coleópteros e Lepidópteros atacam as culturas tanto no campo como no armazém (Emana, 1993). Os danos causados às culturas por Lepidoptera são apenas causados pelas larvas que enredam os meios de alimentação através de uma secreção sedosa que transforma os produtos em grumos entrelaçados. No entanto, no caso dos Coleoptera, tanto as larvas como os adultos alimentam-se frequentemente da cultura e as duas fases são responsáveis pelos danos (http://www.icipe.org, consultado em 5/9/2014). As espécies de ambas as ordens acima mencionadas podem completar os seus ciclos de vida em menos de 30 a 35 dias e põem muitos ovos, o que resulta numa rápida acumulação de populações que consomem e contaminam vários produtos armazenados, e sofrem metamorfose completa, ou seja, têm quatro fases de desenvolvimento distintas: ovo, larva, pupa e adulto. A fase larvar é semelhante a um verme ou a uma larva e tem um aspeto diferente do dos adultos (Pedersen e Lee, 1996). Os insectos que atacam os grãos armazenados em geral podem ser convenientemente divididos em pragas primárias (como *Callosobruchus sp., Sitophilus sp.* e *Rhyzopertha sp.*), que atacam produtos intactos, e pragas secundárias (como *Oryzaephilus sp., Cryptolestes sp., Cadra sp.* e *Tribolium sp.*), que exigem que o produto seja danificado antes de o poderem atacar (Rees, 2007).

Quadro 2. Insectos pragas comuns dos cereais e leguminosas armazenados em África

Não	Nome científico	Encomendar	Família	Produtos de base	País
1	*Lasioderma serricorne* F.	Coleópteros	Anobiídeos	Algumas leguminosas e arroz	Principalmente África Oriental e Ocidental
2	*Stegobium paniceum* L.	Coleópteros	Anobiídeos	Alguns cereais e leguminosas	Principalmente o Norte de África
3	*Araecerus fasciculatus* DeGeer	Coleópteros	Anobiídeos	Alguns cereais e leguminosas	Principalmente da África Ocidental
4	*Prostephanus truncatus* Horn	Coleópteros	Bostrichidae	Milho e algumas leguminosas	Principalmente da África Ocidental
5	*Rhyzopertha dominica* F.	Coleópteros	Bostrichidae	Principalmente cereais e algumas leguminosas	Principalmente Norte e Oeste de África
6	*Acanthoscelides obtectus* Say	Coleópteros	Bostrichidae	Feijões, feijão-frade	Principalmente África do Sul e Oriental
7	*Acanthoscelides obtectus* Say	Coleópteros	Bruchidae	Feijões, feijão-frade	África Oriental e Ocidental
8	*Callosobruchus*	Coleópteros	Bruchidae	Principalmente	Principalmente Leste

				impulsos	África
9	*Callosobruchus maculatus* L.	Coleópteros	Bruchidae	Principalmente feijão-frade e alguns feijões	Principalmente África Oriental e Ocidental
10	*Callosobruchus rhodesianus*	Coleópteros	Bruchidae	Impulsos	Camarões, Quénia e Zimbabué
11	*Callosobruchus subinotatus* (Pic)	Coleópteros	Bruchidae		Camarões
12	*Caryedon gonagra* (F.)	Coleópteros	Bruchidae	Impulsos	África Oriental e Ocidental
13	*Sitophilus granarius* L.	Coleópteros	Curculionídeos	Muitos cereais	Principalmente o Norte de África
14	*Sitophilus oryzae* L.	Coleópteros	Curculionídeos	Principalmente cereais e algumas leguminosas	Em toda a África
15	*Sitophilus zeamais* Motschulsky	Coleópteros	Curculionídeos	Principalmente cereais e algumas leguminosas	Em toda a África
16	*Trogoderma granarius* Everts	Coleópteros	Dermestidae	Principalmente cereais e algumas leguminosas	Em toda a África
17	*Carpophilus*	Coleópteros	Nitidulidae	Amendoim,	Principalmente

	dimidiatus L.			milho, arroz	África Oriental e Ocidental
18	*Tenebroides mauritanicus* L.	Coleópteros	Trogossitidae	Principalmente cereais e algumas leguminosas	África Oriental, Ocidental e do Sul
Não	*Nome científico*	Encomendar	Família	Produtos de base	País
19	*Oryzaephilus mercator Fauvel*	Coleópteros	Silvanídeos	Amendoim, arroz	Principalmente África Oriental
20	*Oryzaephilus surinamensis L.*	Coleópteros	Silvanídeos	Principalmente cereais e algumas leguminosas	Principalmente África do Sul
21	*Zabrotes subfasciatus (Boheman)*	Coleópteros	Bruchidae	Feijão-frade	África Ocidental
22	*Tribolium castaneum Herbst*	Coleópteros	Tenebrionidae	Cereais e Impulsos	Em toda a África
23	*Tribolium confusum Jaquelin du Val*	Coleópteros	Tenebrionidae	Cereais e Amendoim	Principalmente África Oriental
24	*Sitotroga cerealella (Olivier)*	Coleópteros	Gelechidiae	Cereais	Em toda a África
25	*Corcyra cephalonica Stainton*	Coleópteros	Pyralidae	Principalmente cereais, em segundo lugar	Principalmente África Ocidental

				leguminosas	
26	*Ephestia cautella (Walker*	Lepidópteros	Pyralidae	Principalmente cereais e algumas leguminosas	Em toda a África
27	*Ephestia elutella (Hübner)*	Lepidópteros	Pyralidae	Cereais	Principalmente o Norte de África
28	*Efestia kuehniella Keller*	Lepidópteros	Pyralidae	Muitos cereais	Em toda a África
29	*Myelois ceratoniae Zeller*	Lepidópteros	Pyralidae	Arroz, farinha, leguminosas	Principalmente África do Sul
30	*Plodia interpunctella (Hübner)*	Lepidópteros	Pyralidae	Muitos cereais e Amendoim	Principalmente África do Sul

Fonte: Mikolo *et al.*, (2007), Ngamo e Hance (2007), Nukenine (2010).

3.2. Importância das pragas de insectos de armazenagem

As pragas de insectos são as primeiras entre as forças invasoras a iniciar a interação com o grão, e são uma das maiores ameaças à manutenção da qualidade do grão durante o armazenamento (Chakraverty *et al.*, 2003). Além disso, são os mais prejudiciais de todos os factores bióticos e abióticos, que causam cerca de 43% do total das perdas físicas e nutricionais que ocorrem no mundo em desenvolvimento (Chomchalow, 2003). Por conseguinte, as pragas de insectos causam maiores perdas de produtos agrícolas nos países em desenvolvimento, como a África em geral e a Etiópia em particular, impedindo assim o desenvolvimento agrícola. No caso das culturas armazenadas, as infestações de insectos causam grandes perdas, dado o seu baixo nível de prejuízo económico (EIL), tal como mencionado acima (FAO. 1996).

A maioria destes insectos pragas de grãos armazenados são cosmopolitas e polífagos no seu comportamento alimentar (Chimoya, 2011). As razões para a sua presença generalizada vão desde as adaptações evolutivas (morfológicas, fisiológicas e comportamentais) até às acções dos seres humanos que os transportam por todo o mundo e oferecem um habitat protegido dentro dos alimentos armazenados (Pugazhvendan *et al.*, 2009). Este facto agrava sempre o problema da perda de alimentos, uma vez que tende a aumentar a incidência e a gravidade dos ataques (Chimoya, 2011). A abundância de pragas de insectos de cereais armazenados em qualquer localidade é também, em certa medida, determinada pelas condições climáticas prevalecentes e pelos tipos de grãos armazenados, sendo sempre maior no ambiente de armazenamento tropical (Hill e Waller, 1990).

As pragas de insectos infligem os seus danos aos produtos armazenados principalmente por alimentação direta (Santos *et al.*, 1990). Quase todas as espécies de insectos pragas de armazenamento têm taxas de multiplicação notavelmente elevadas, como já foi referido, e numa estação podem destruir 10-15% do grão e contaminar o resto com odores e sabores indesejáveis (Sinha e Sinha, 1990). Ao alimentarem-se, os insectos também criam finos e grãos partidos que reduzem o fluxo de ar através do grão quando são utilizadas ventoinhas de arejamento. Esta redução do fluxo de ar pode provocar um aumento da temperatura, agravando o problema (Chakraverty *et al.*, 2003). Além disso, as pragas de insectos contaminam os seus meios de alimentação através da excreção, da muda, dos corpos mortos e da sua própria existência no produto, o que não é comercialmente desejável. As pragas de insectos também desempenham um papel fundamental no transporte de fungos de armazenagem (Sinha e Sinha, 1990). Além disso, os insectos-praga de armazenagem, juntamente com outros organismos que atacam os produtos armazenados e os próprios grãos armazenados, respiram. Durante a respiração, o oxigénio é consumido e são produzidos dióxido de carbono, água e calor (Nukenine, 2010). Esta respiração dos organismos associados ao grão e do próprio grão vivo eleva o dióxido de carbono, a humidade relativa e os níveis de temperatura no interior do ambiente de armazenamento, até ao ponto do processo denominado aquecimento do grão (pontos quentes) (Christensen e Kaufmann, 1965).

A alta temperatura e a concomitante alta humidade relativa no armazém, por sua vez, reduzem a viabilidade das sementes devido a um maior grau de invasão por fungos de armazenamento (Hayma, 2003). Esta invasão do grão por fungos de armazenamento também resulta na descoloração dos germes (López e Christensen, 1967). A invasão severa também leva a outras tremendas deteriorações quantitativas e qualitativas do grão (perda), incluindo baixo valor nutritivo, bolor, mofo, produção de micotoxinas, odor desagradável, ranço, quebra de sementes e perda de peso do grão (Brown *et al.*, 1995). Assim, para além da destruição direta dos grãos através da alimentação e da reprodução, e de desempenharem um papel fundamental como vectores mecânicos de fungos de armazenagem, a presença de insectos pragas de armazenagem tem também uma influência direta nos grãos armazenados, provocando um aumento da temperatura e dos teores de humidade dos grãos, o que leva a um aumento da respiração e, consequentemente, à perda de quantidade e qualidade dos grãos em geral (Odogola, 1994).

4. A contribuição das pragas de insectos de armazenagem para a insegurança alimentar

4.1. O conceito de segurança alimentar e a sua relação com as perdas pós-colheita

De acordo com o estudo atual da FAO (2010), a segurança alimentar existe quando todas as pessoas, em todos os momentos, têm acesso físico, social e económico a alimentos suficientes, seguros e nutritivos que satisfaçam as suas necessidades dietéticas e preferências alimentares para uma vida ativa e saudável. Tendo em conta esta definição da FAO, a disponibilidade ilimitada de alimentos nutritivos preferidos, o acesso aos alimentos e o grau em que os alimentos são seguros para consumo são componentes da segurança alimentar.

A segurança alimentar do agregado familiar é a aplicação do conceito acima mencionado ao nível da família, com os indivíduos dentro dos agregados familiares como o foco da preocupação. Isto significa, por outras palavras, que a segurança alimentar do agregado familiar existe quando os membros da família têm sempre acesso físico e económico a alimentos adequados, seguros, aceitáveis e nutritivos para satisfazer as suas necessidades diárias e preferências alimentares para uma vida ativa e saudável (Ibeanu *et al.*, 2010).

Assim, os principais factores que determinam a segurança alimentar são, nomeadamente, a disponibilidade de alimentos, o acesso aos alimentos, a utilização dos alimentos (PAM, 2003) e a estabilidade (PAM, 2009).

Enquanto a disponibilidade está relacionada com a oferta de alimentos, o acesso é a capacidade de um indivíduo ou agregado familiar obter alimentos, enquanto a utilização é a capacidade que um indivíduo tem de selecionar e ingerir os nutrientes dos alimentos, e a estabilidade tem de lidar com a disponibilidade e o acesso ilimitados aos alimentos, e a utilização ilimitada dos alimentos (PAM, 2009). Além disso, a segurança alimentar é determinada pela quantidade de produtos produzidos, que é uma função da dotação de recursos (que é frequentemente identificada), bem como pela quantidade de perdas de grãos pós-colheita e preços dos alimentos (que são frequentemente negligenciados). As perdas de grãos podem ser em termos de quantidade danificada ou de qualidade deteriorada, como mencionado anteriormente, mas estão relacionadas com as práticas de gestão de grãos pós-colheita, ou seja, armazenamento, manuseamento, processamento e gestão de stocks, que por sua vez é uma função da dotação e do acesso aos recursos, incluindo o crédito (Abebe H. Gabriel e Bekele Hundie, 2006).

Assim, ao nível dos agregados familiares, a segurança alimentar pode ser afetada diretamente pela magnitude das perdas físicas pós-colheita dos cereais ou indiretamente pela perda de preços dos cereais devido à deterioração da qualidade e às variações de preços entre as estações (Abebe H. Gabriel e Bekele Hundie, 2006). Consequentemente, ao nível dos agregados familiares individuais nos países em desenvolvimento como a ASS, a redução das PHLS, em vez de aumentar a quantidade de alimentos cultivados, poderia aumentar a disponibilidade de alimentos através da redução das perdas físicas e do aumento do rendimento proveniente das melhores oportunidades de mercado que poderiam ser utilizadas para comprar alimentos (Banco Mundial, 2010). Além disso, a redução das PHLs pouparia recursos de produção escassos e poderia diminuir os danos ambientais (Hodges, 2010).

Assim, a segurança alimentar não só requer um fornecimento adequado de alimentos, o que também implica a disponibilidade, o acesso e a utilização dos alimentos, mas também leva em consideração o armazenamento pós-colheita para evitar perdas (Hassan, 2010). Assim, a redução da PHL complementa os esforços para aumentar a segurança alimentar através da melhoria da produtividade a nível das explorações agrícolas, tendendo assim a beneficiar os produtores e, mais especificamente, as populações rurais pobres. Além disso, embora o custo da redução das perdas tenha de ser avaliado, é provável que a promoção da segurança alimentar através da redução das PHL possa ser mais rentável e ambientalmente sustentável do que um aumento correspondente da produção, especialmente na atual era de preços elevados dos alimentos (Banco Mundial, 2011). Consequentemente, hoje, mais do que nunca, o armazenamento seguro dos cereais e a prevenção das perdas pós-colheita pelos agricultores tornaram-se mais uma necessidade do que uma regra para ultrapassar a escassez de cereais e combater a fome e a inanição na ASS, especialmente na Etiópia. Isto é crucial para garantir a segurança alimentar e alimentar a população sempre crescente (atualmente a aumentar a uma taxa de 3%) do país, onde mais de 85% da grande massa da população ganha a sua vida direta ou indiretamente com a agricultura (Dejene, 2004).

4.2. A insegurança alimentar e a sua relação com as perdas pós-colheita

A insegurança alimentar é o oposto da segurança alimentar e manifesta-se através da fome ou da vulnerabilidade à fome, que o PAM (2009) define como uma condição em que as pessoas carecem dos nutrientes necessários, tanto macro (energia e proteínas) como micro (vitaminas e minerais) para uma vida plenamente produtiva, ativa e saudável. A fome pode ser de curta duração/aguda ou de longa duração/crónica, e tem efeitos que vão de ligeiros a graves. Além disso, pode resultar da ingestão insuficiente de nutrientes ou do facto de o organismo das pessoas não conseguir ingerir os nutrientes necessários (PAM, 2009). As carências graves de nutrientes podem levar à doença e à morte (ACC/SCN, 2010). Por conseguinte, existem dois tipos de insegurança alimentar: crónica e transitória. A insegurança alimentar crónica é uma dieta continuamente inadequada causada pela incapacidade de adquirir alimentos, enquanto a insegurança alimentar transitória é um declínio temporário no acesso de uma família a alimentos suficientes (Golob, 2002).

Mais de 70% de todas as pessoas subnutridas vivem em zonas rurais e estes habitantes das zonas rurais são geralmente pastores, pescadores ou agricultores que produzem os seus próprios alimentos, muitas vezes em terras de baixo potencial, ou são sem-terra que trabalham em terras de outras pessoas. Por conseguinte, é pertinente que a luta contra a fome e a subnutrição seja travada principalmente nas zonas rurais (Ibeanu *et al.*, 2010). Além disso, a África Subsariana (ASS) é atualmente a única região do globo onde a pobreza e a subnutrição continuam a aumentar em percentagem e em números absolutos (AATF, 2010). Mais de metade das pessoas que passam fome são agricultores subsistentes que não conseguem produzir alimentos suficientes para alimentar as suas famílias de forma consistente e escapar à pobreza (Abebe H. Gabriel e Bekele Hundie, 2006).

As causas e a gravidade da insegurança alimentar das famílias diferem de uma área geográfica para outra e de uma família para outra nos países acima mencionados. Por conseguinte, a solução para a fome nos agregados familiares requer medidas a curto e a longo prazo, e essas medidas incluem políticas/programas de alívio da pobreza, reorientação da agricultura não só para a produção de alimentos, mas também para a preservação e armazenamento eficazes para minimizar as perdas pós-colheita (Ibeanu *et al.*, 2010). Por conseguinte, a agricultura africana continua a ser um sector-chave para o desenvolvimento de iniciativas destinadas a aumentar a eficiência, o crescimento e, sobretudo, a combater a fome na África Subsariana (AATF, 2010).

4.3. Contribuição das pragas de insectos de armazenagem para a insegurança alimentar

As melhorias na produtividade agrícola são necessárias para aumentar os rendimentos das famílias rurais e o acesso aos alimentos disponíveis, mas são insuficientes para garantir a segurança alimentar. Assim, a segurança alimentar não só requer um fornecimento adequado de alimentos, o que também implica a disponibilidade, o acesso e a utilização dos alimentos, mas também tem em consideração o armazenamento pós-colheita para evitar perdas, como mencionado anteriormente (Hassan, 2010). No entanto, os agricultores de África em geral e da Etiópia em particular utilizam celeiros tradicionais para armazenar os seus cereais, que não são eficazes contra as pragas de armazenamento (Tefera *et al.*, 2011). A falta de estruturas adequadas de armazenagem de cereais e de tecnologias de gestão da armazenagem obriga os agricultores a vender os seus produtos imediatamente após a colheita. Consequentemente, os agricultores recebem preços de mercado baixos por qualquer grão excedente que possam produzir (Kimenju *et al.*, 2009). As perdas pós-colheita devido a pragas de insectos de armazenamento, como *S. zeamais*, têm sido reconhecidas como um problema cada vez mais importante em África (Abebe *et al.*, 2009).

Assim, as pragas de insectos de armazenamento com perdas pós-colheita são reconhecidas como sendo um dos constrangimentos críticos à segurança alimentar entre os agricultores pobres em África (Owusu *et al.*, 2007). Além disso, a infestação por insectos no armazenamento e os consequentes danos e perdas que daí resultam representam uma grande ameaça para a segurança alimentar global, especialmente em países pobres em recursos (Obeng-Ofori, 2008) como a Etiópia. Por exemplo, sem tratamento químico, foram registadas perdas a nível doméstico de 40-100% no Malawi (Kamanula *et al.*, 2011). Além disso, as pragas de insectos representam a maior ameaça à segurança alimentar, causando perdas de 10-60% em países onde as tecnologias modernas de armazenamento ainda não foram totalmente adoptadas (Shaaya *et al.*, 1997), ou seja, as perdas de cereais são graves entre os pequenos agricultores que não têm acesso a técnicas modernas de armazenamento (Odeyemi *et al.,* 2006), como a Etiópia. Do mesmo modo, um documento produzido pelo antigo Ministério das Quintas do Estado em 1978 indicava que os gorgulhos destruíam anualmente cerca de 20% do rendimento das culturas na Etiópia, ou seja, as culturas anuais produzidas na altura (trigo, milho, feijão, cevada e outras), com cerca de 80.000 a 1.000.000 de toneladas métricas, cerca de 200.000 toneladas métricas foram destruídas por pragas de insectos (Shimelis Admassu, 2003).

Em geral, as gamas de danos e perdas de grãos devido a pragas de insectos em África são muito amplas. Por exemplo, para além dos valores de perda acima mencionados, Tadesse e Eticha (1999) citaram muitos estudos sobre danos e perdas de milho armazenado na Etiópia. De acordo com eles, os danos variaram entre 11 e 100%, e a perda de peso variou entre 2,9 e 20% para períodos de armazenagem de 2-12 meses. Além disso, foi referido que as pragas de insectos do milho causam perdas que variam entre 20 e 30% no armazém na Etiópia (Abraham, 1991, Emana, 1993). Na região de Bako, na Etiópia, os agricultores também registaram perdas de 25-33% de grãos de milho num período de seis meses de armazenamento (Gemu, 2013). Também na região administrativa de Sidama, na Etiópia, foram registadas perdas de 30-90% devido a pragas de insectos em grãos de milho armazenados durante cinco a sete meses (Emana, 1993).

De forma semelhante, na Tanzânia foram comunicadas perdas de até 34% do milho devido a pragas de insectos (CIMMYT e Dubin, 2010). Também na Eritreia, foram comunicadas perdas de germinação devido ao ataque de pragas de insectos de armazenamento em cereais e grãos de leguminosas que variam entre 3-37 e 4-88%, respetivamente. As perdas de peso destes grãos também variaram entre 4,4-14 e 9-29% para cereais e leguminosas, respetivamente (Nukenine, 2010). Além disso, durante o período de armazenamento habitual de 5-12 meses de grãos no Sudão e na Savana da Guiné da Nigéria, foram indicados danos causados por insectos que variaram entre 40-60% para sorgo e feijão-frade não debulhados e 36-55% para grãos de trigo (Ivbijaro, 1989). Foi também demonstrado que os agricultores da região de Adamawa, nos Camarões, atribuíram 50% dos danos do milho armazenado aos insectos (Nukenine *et al.*, 2002).

Com a introdução de *Prostephanus truncates* (Horn) (Coleptera: Bostrichidae), estima-se que as perdas médias de peso seco do milho armazenado nas explorações agrícolas do Togo tenham aumentado de 7 para 30%, durante um período de armazenagem de 6 meses (Nukenine *et al.*, 2010). Também no Quénia, a perda de peso do milho armazenado aumentou de 4,5 para 30%, 20 anos após a introdução de *P. truncatus* no país (Philips e Throne, 2010).

A crescente gravidade dos problemas pós-colheita nos países acima mencionados deve-se em grande parte ao aumento da utilização de variedades de elevado rendimento que são susceptíveis a pragas de insectos de armazenagem e à recente chegada de pragas exóticas mais prejudiciais e invasoras, como a broca do grão maior (LGB), *Prostephanus truncatus*, exceto na Etiópia (Phiri e Otieno 2008).

De um modo geral, os números acima referidos relativos às perdas devidas a pragas de insectos no armazenamento são bastante elevados, especialmente no caso da Etiópia e de outros países da África Subsariana, em particular, e da África em geral, onde a grande maioria das pessoas sofre de insegurança alimentar. É irónico que as vítimas imediatas da insegurança alimentar sejam tradicionalmente os agricultores, ou seja, os próprios produtores de alimentos, e que todos os anos, apesar das condições meteorológicas, centenas de milhares de famílias rurais sofram de insegurança alimentar, dependendo literalmente da ajuda alimentar para a sua sobrevivência (Abebe H. Gabriel e Bekele Hundie, 2006). Além disso, tendo em conta a taxa de produção acima mencionada e o valor médio das perdas pós-colheita, que foi relatado por Hodges *et al.*, (2010), uma mera redução de cerca de (1-2)% dos valores acima mencionados de perdas pós-colheita causadas apenas por pragas de insectos de armazenamento poderia valer cerca de vários (40-80) milhões de dólares americanos por ano, e fornecer uma contribuição significativa para a redução da insegurança alimentar de África em geral e da Etiópia em particular. Estas perdas anulam grande parte dos ganhos de produtividade obtidos através de outras inovações agrícolas (Kamanula *et al.*, 2011).

Os danos causados pelas pragas de insectos (perdas) aos grãos armazenados resultam, assim, em grandes perdas económicas em países africanos como a Etiópia, onde a produção de grãos de subsistência sustenta os meios de vida da maioria da população (Udo, 2005). Além disso, a perda de culturas devido a pragas de insectos constitui um grande constrangimento para a realização da segurança alimentar não só em África em geral e na Etiópia em particular, mas também a nível mundial (Berenbaum, 1995). O ataque destas pragas de insectos aos cereais armazenados é muito crítico para a segurança alimentar, porque ocorre em pontos onde não há possibilidade de compensação (Obeng-Ofori, 2008)

Por conseguinte, a proteção das culturas contra essas perdas é um passo importante para garantir a segurança alimentar (Kamanula *et al.*, 2011). Por conseguinte, a qualidade do manuseamento e da armazenagem pós-colheita de produtos agrícolas duradouros constitui um ingrediente importante da segurança alimentar na agricultura de pequena escala (Ogendo *et al.*, 2011). Consequentemente, a fim de satisfazer a procura de alimentos para a população cada vez maior da ASS, incluindo a Etiópia em particular e a África em geral, é necessário abordar a questão da perda de grãos de cereais devido a danos causados por pragas de insectos durante a armazenagem (Berenbaum, 1995).

Por conseguinte, é importante reconhecer melhores práticas e capacidades de gestão de grãos pós-colheita (PHGM) (não apenas produção e comercialização), que são importantes por muitas razões, incluindo a realização do objetivo de segurança alimentar (Abebe H. Gabriel e Bekele Hundie, 2006). Isto porque, claramente, uma melhor capacidade e prática de PHGM, que inclui o manuseamento pós-colheita de qualidade e o armazenamento de produtos agrícolas duráveis, minimizaria a magnitude das perdas acima mencionadas de grãos armazenados por pragas de insectos (Golob *et al*., 2002). Além de compreendê-las (melhores práticas de PHGM), a adoção de melhores práticas pós-colheita, que inclui a melhoria da aplicação das abordagens existentes para o manuseio pós-colheita (por exemplo, garantir a higiene básica), a introdução de novas tecnologias (melhores secadores de grãos, vendedores, lojas, etc.) e a adoção de novos arranjos de comercialização, como a comercialização colectiva, ou novas instituições financeiras, também é absolutamente essencial para reduzir as perdas do tipo acima mencionado (http://www.rural21.com/uploads/media/rural, consultado em 20/9/2014).

De um modo geral, a compreensão e a adoção de melhores práticas de gestão de grãos pós-colheita (PHGM) podem contribuir para a segurança alimentar de várias formas, tais como o aumento da quantidade de alimentos disponíveis para consumo pelos agricultores, bem como pelos consumidores rurais e urbanos pobres (Golob *et al*., 2002). Por exemplo, o controlo da LGB reduziu consideravelmente a perda de milho no armazenamento na exploração agrícola entre os pequenos agricultores de vários países africanos, melhorando a sua segurança alimentar (Golleti, 2003). Além disso, os benefícios para os consumidores decorrentes da redução das perdas, através da sua compreensão e adoção (melhores práticas de PHGM), incluem preços mais baixos e maior segurança alimentar. Além disso, as actividades pós-colheita, como a transformação e a comercialização, podem criar emprego (e, portanto, rendimentos) e melhorar a segurança alimentar no sector agrícola (Golob *et al*., 2002).

Assim, a redução das PHL complementa os esforços para aumentar a segurança alimentar através da melhoria da produtividade a nível das explorações agrícolas, tendendo assim a beneficiar os produtores e, mais especificamente, os pobres das zonas rurais (Banco Mundial, 2010). Embora o custo da redução das perdas deva ser avaliado, é provável que a promoção da segurança alimentar através da redução das PHL possa também ser mais rentável e ambientalmente sustentável do que um aumento correspondente da produção, especialmente na atual era de preços elevados dos alimentos, como já foi referido (Banco Mundial, 2011).

Assim, hoje, mais do que nunca, o armazenamento seguro de cereais e a prevenção de perdas pós-colheita por parte dos agricultores tornaram-se mais uma necessidade do que uma regra para ultrapassar a escassez de cereais e para combater a fome e a inanição na Etiópia, em particular, e em África, em geral. Isto é crucial para garantir a segurança alimentar e para alimentar a população cada vez maior destes países (Mashilla, 2004). No entanto, esta área crucial é frequentemente negligenciada quando vista em relação ao aumento da produção de cereais (cereais alimentares), e tem de receber grande atenção por parte dos investigadores e decisores políticos (Abebe H. Gabriel e Bekele Hundie, 2006).

5. verão

A agricultura é em grande parte tradicional e os cereais constituem a maior parte da produção alimentar em África. Além disso, mais de metade dos africanos vivem da agricultura, que é também a atividade mais importante e a chave do desenvolvimento económico do continente. Por conseguinte, os cereais constituem a base da segurança alimentar da maioria da população africana e são uma componente vital dos meios de subsistência dos pequenos agricultores.

Do mesmo modo, os cereais são importantes culturas alimentares e de rendimento para os agricultores e as famílias rurais da Etiópia. Proporcionam cerca de 82% da ingestão calórica de um etíope médio e 70% das despesas alimentares totais. Paradoxalmente, os países tropicais africanos, incluindo a Etiópia, encontram-se entre os líderes mundiais da insegurança alimentar. Isto deve-se não só a uma produção alimentar inadequada, mas também à perda de cereais nas fases de pré-colheita, colheita e pós-colheita. Entre estas fases de perda de cereais, nos países em desenvolvimento perdem-se volumes significativos de cereais após a colheita, o que agrava a fome e resulta no desperdício de factores de produção dispendiosos, como fertilizantes, água de irrigação e trabalho humano. O termo perda pós-colheita (PHL) refere-se a perdas quantitativas e qualitativas mensuráveis no sistema pós-colheita, que por sua vez se refere a uma cadeia de actividades interligadas desde o momento da colheita até à entrega dos alimentos ao consumidor, muitas vezes referida como "da exploração agrícola até à mesa". Por conseguinte, estas perdas após a colheita privam os agricultores dos benefícios totais do seu trabalho. Consequentemente, as perdas de cereais após a colheita constituem o principal problema da produção agrícola nos países em desenvolvimento como a Etiópia.

As perdas pós-colheita resultam tanto da dispersão dos cereais devido a um manuseamento pós-colheita deficiente (colheita, debulha e transporte) como da bio-deterioração provocada por organismos nocivos que incluem insectos, bolores e fungos, roedores e, por vezes, aves. Assim, o fornecimento de alimentos à população mundial em expansão em

A alimentação e a saúde da população em geral e da população em expansão da África em particular, sempre foi um desafio para a humanidade. Entre todos os factores mencionados anteriormente para a PHLS, um dos principais é a concorrência dos insectos nocivos.

Consequentemente, as perdas pós-colheita de pragas de insectos de armazenamento são reconhecidas como um dos constrangimentos críticos à segurança alimentar entre os agricultores pobres em África. Além disso, a infestação por insectos no armazenamento e os consequentes danos e perdas que daí resultam representam uma grande ameaça para a segurança alimentar global, especialmente em países pobres em recursos como a Etiópia. Por exemplo, sem tratamento químico, foram registadas perdas a nível doméstico de 40-100% no Malawi. Além disso, foi referido que as pragas de insectos do milho causam perdas que variam entre 20 e 30% nos armazéns da Etiópia. Além disso, as pragas de insectos representam a maior ameaça à segurança alimentar, causando perdas de 10-60% em países onde as tecnologias modernas de armazenagem ainda não foram totalmente adoptadas, como a Etiópia. Em geral, estes valores de perdas devidas a pragas de insectos no armazenamento são bastante elevados, especialmente na Etiópia e noutros países da África Subsariana, em particular, e em África, em geral, onde a grande maioria das pessoas sofre de insegurança alimentar. É irónico que as vítimas imediatas da insegurança alimentar tenham sido tradicionalmente os agricultores.

A perda de culturas devido a pragas de insectos constitui, assim, um grande obstáculo à realização da segurança alimentar não só em África, em geral, e na Etiópia, em particular, mas também a nível mundial. Isto anula grande parte dos ganhos de produtividade obtidos através de outras inovações agrícolas. Consequentemente, a segurança alimentar na África Subsariana depende em grande medida não só da melhoria da produtividade alimentar através da utilização de boas práticas agrícolas sustentáveis (BPA), mas também da redução das perdas pós-colheita. Por conseguinte, todos os organismos interessados devem atribuir uma atenção e recursos significativos à redução das perdas pós-colheita causadas por pragas de insectos de armazenagem e outros factores, como forma de melhorar a produção e a produtividade agrícolas.

6.   Conclusões e recomendações

6.1. Conclusões

A análise deste seminário permite tirar as seguintes conclusões:

A infestação por insectos no armazenamento e os consequentes danos e perdas que daí resultam representam uma grande ameaça não só para a segurança alimentar africana, mas também para a segurança alimentar mundial. Assim, hoje, mais do que nunca, o armazenamento seguro de cereais e a prevenção das perdas pós-colheita pelos agricultores tornaram-se mais uma necessidade do que uma regra para ultrapassar a escassez de cereais e combater a fome e a inanição em África, particularmente na Etiópia. Isto é crucial para garantir a segurança alimentar e alimentar a população cada vez maior dos países acima referidos.

Ao longo das últimas décadas, foram consagrados esforços e recursos significativos ao aumento da produção alimentar, em vez de se reduzirem as perdas pós-colheita causadas por pragas de insectos de armazenagem e outros factores. Por conseguinte, a redução das perdas de alimentos pós-colheita deve ser uma componente essencial de qualquer estratégia destinada a disponibilizar mais alimentos e a garantir a segurança alimentar na África Subsariana sem aumentar a carga sobre o ambiente natural, da mesma forma que o aumento da produtividade alimentar.

6.2. Recomendações

Esta revisão do seminário centra-se principalmente na importância da redução da perda de grãos pós-colheita causada por pragas de insectos para garantir a segurança alimentar em África. Assim, outros estudos sobre a minimização das perdas de grãos pós-colheita devido a outros agentes destrutivos devem ser efectuados por investigadores e outros organismos interessados.

7. Referências

Abate, T., van Huis, A. e Ampofo J. K. O. (2000). Estratégias de gestão das pragas na agricultura tradicional: uma perspetiva africana. *Annu. Rev. .Entomol. 45:* 631659.

Abebe H. Gabriel (2000). *Development strategies and the Ethiopian peasantry: Supply response and rural differentiation.* Shaker publishing: Maastricht.

Abebe H. Gabriel e Bekele Hundie (2006). Farmers' post-harvest grain management choices under liquidity constraints and impending risks: Implications for achieving food security objectives in Ethiopia. Investigação realizada no âmbito do programa de bolsas de investigação competitivas do Instituto Internacional de Investigação sobre Políticas Alimentares (IFPRI) da rede Visão 2020 para a África Oriental, departamento de economia do Ethiopian Civil Service College.

Abebe, F., Tefera, A., Mugo, S., Beyene, Y. e Vidal, S. (2009). Resistência das variedades de milho ao gorgulho do milho (*Sitophilus zeamais*). *Afric. J. of Biotec. 8*: 5937-5943.

Hassan, A. M. M. (2010). Segurança alimentar: Agricultura e relações de género no armazenamento pós-colheita. *An Intern. Multi-Discip. J. Ethio. 4:* 144-152.

Abraham, T. (1991). A biologia, importância e controlo do gorgulho do milho, *Sitophilus zeamais* no milho. Tese de Mestrado, Universidade de Agricultura de Alemaya, Alemaya, Etiópia.

Abraham Tadesse (2003). Studies on some non-chemical insect pest management options on farm-stored maize in Ethiopia. Tese de doutoramento, Escola de Estudos Superiores, Universidade de Giessen, Alemanha.

Abraham T., Amare, A. Emana, G. e Tadele, T. (2008). Revisão da investigação sobre pragas pós-colheita. *In*: Abraham Tadesse (ed.). *Increasing crop production through improved plant protection- volume I*. Actas da 14ª Conferência Anual da Sociedade de Proteção das Plantas da Etiópia (PPSE), 19-22 de dezembro de 2008. Adis Abeba,

Etiópia. pp. 598.

Comité Administrativo Coordenador-Subcomité da Nutrição (ACC/SCN) (2010). Sexto relatório sobre a situação mundial da nutrição. Comité Permanente da ONU para a Nutrição, Genebra.

Fundação Africana de Tecnologia Agrícola (AATF) (2010). *A Study on the relevance of Chinese agricultural technologies to smallholder farmers in Africa [Estudo sobre a relevância das tecnologias agrícolas chinesas para os pequenos agricultores em África]*. Nairobi, Quénia. pp. 79.

Berenbaum, M. R. (1995). *Bugs in the system: Insectos e o seu impacto nos assuntos humanos*. Perseus publishing, Cambridge. pp. 377.

Blum, A. e Bekele, A. (2002). Armazenamento de cereais como estratégia de sobrevivência dos pequenos agricultores na Etiópia. *J. of Intern. Agricult. and Exten. Educat.* **9**: 77-83.

Brown, R. L., Cleveland, T. E., Payne, G. A., Woloshuk, C. P., Campbell, K. W. e White, D. G. (1995). Determinação da resistência à produção de aflatoxinas em grãos de milho e deteção de colonização fúngica utilizando um formato trans de *Aspergillus flavus* que expressa *Escherichia coliβ-glucuronidase. Phytopathol.* **85**: 983989.

Byerlee, D., David, S., Dawit Alemu, e Madhur, G. (2007). Policies to promote cereal intensification in Ethiopia: a review of evidence and experience. Documento de discussão do IFPRI 00707. Divisão de estratégia de desenvolvimento e governação. Instituto Internacional de Investigação sobre Políticas Alimentares. pp. 44.

Chakraverty, A., Mujumdar, A. S., Raghavan, G. S. e Ramaswamy, V. H. S. (2003). *Hand book of postharvest technology*. Cereais, frutos, legumes, chá e especiarias. Marcel Dekker, Inc., Nova Iorque. Nova Iorque. pp. 907.

Chimoya, I. A. e Abdullahi, G. (2011). Composições de espécies e abundância relativa de pragas de insetos associadas a alguns grãos de cereais armazenados em mercados selecionados da área metropolitana de Maiduguri. *J. of American. Sci.* **7**: 355-358.

Chomchalow, N. (2003). Proteção dos produtos armazenados com especial referência à Tailândia. *AU. J. T.* **7**: 31-47.

Christensen, C. M. e Kaufmann, H. H. (1965). Deterioração de grãos armazenados por fungos. *Revi. Anual de Fitopatologia.* **3**: 69-84.

De Lucia, M. e Assennato, D. (1994). A engenharia agrícola no desenvolvimento: operações pós-colheita e gestão de cereais alimentares. *Boletim dos Serviços Agrícolas da FAO n.º 93.* Roma: FAO.

Dejene, M. (2004). Métodos de armazenamento de grãos e os seus efeitos na qualidade do grão de sorgo em Hararghe, Etiópia. Departamento de ecologia e ciências da produção vegetal, tese de doutoramento da Universidade Sueca de Ciências Agrícolas.

Eleni Gabre-Madhin (2001). Market institutions, transaction costs, and social capital in the Ethiopian grain market. Relatório de investigação 124. IFPRI. Washington, D.C.

Emana, G. (1993). Estudos sobre a distribuição e o controlo da traça do grão de Angoumois, *Sitotroga cerealella*, na região administrativa de Sidama. Tese de Mestrado, Universidade de Agricultura de Alemaya, Alemaya, Etiópia.

Emana, G. e Assefa, G.A. (1995). Resposta de algumas variedades de milho à traça do grão de Angoumois, *Siti troga cerealella* (Olivier). **In**: Eshetu Bekele, Abdurahman Abdulahi e Aynekulu Yemane (eds.). *Actas da Terceira Conferência Anual da Sociedade de Proteção das Culturas da Etiópia.* pp.18-19.

Emana, G. e Tsedeke, A. (1999). Gestão da broca do caule do milho utilizando a data de sementeira em Arsi-Negele. *Pes. Man. J. of Ethio.* **3**: 47-51.

República Federal Democrática da Etiópia (FDRE) (2011). Plano quinquenal para o crescimento e a transformação (2011-2015). Ministério das Finanças e do Desenvolvimento Económico. Adis Abeba, Etiópia.

Organização das Nações Unidas para a Alimentação e a Agricultura (FAO) (1994). Técnicas de armazenamento de cereais - evolução e tendências nos países em desenvolvimento. Roma, Itália.

Organização das Nações Unidas para a Alimentação e a Agricultura (FAO). (1996). Alimentos para todos. Cimeira Mundial da Alimentação. Roma, Itália.

Organização das Nações Unidas para a Alimentação e a Agricultura (FAO). (2006). Food security and agricultural development in sub-Sahara Africa-building a case for more public support. Roma, Itália.

Organização das Nações Unidas para a Alimentação e a Agricultura (FAO) (2009). Como alimentar o mundo em 2050. Roma: FAO. Disponível em:

http://www.fao.org/fileadmin/templates/wsfs/docs/expert paper /How to feed the world in 2050.pdf (verificado em 23 de setembro de 2010).

Organização das Nações Unidas para a Alimentação e a Agricultura (FAO) (2010). O estado da insegurança alimentar no mundo. Abordar a insegurança alimentar em crises prolongadas. FAO, Roma.

Organização das Nações Unidas para a Alimentação e a Agricultura (FAO). (2011). Análise da situação: melhorar a segurança alimentar na cadeia de valor do milho no Quénia. Relatório preparado para a FAO pelo Prof. Erastus Kang'e da Faculdade de Agricultura e Veterinária, Universidade de Nairobi, Quénia.

Gezahagn Walelign (2008). Determinantes e papel da multiplicação de sementes e mudas dos agricultores no sistema de sementes da região SNNP. Tese de Mestrado. Uma tese apresentada ao departamento de economia agrícola, escola de estudos superiores. Universidade de Haramaya.

Girma, D. (2006). Infestação de campo por Sitophilus zeamais (Mostch.) (Coleoptera: Curculionidea) e sua gestão em milho armazenado em Bako, Etiópia ocidental. Tese de Mestrado, Universidade de Haramaya, Etiópia.

Gwinner, J., Hamisch, R. e Muck, O. (1990). *Manual sobre a prevenção de perdas de grãos após a colheita*. Projeto pós-colheita, pickvben 4, D-200.Hamburgo. 11. FRG. pp. 294-312.

Golleti, F. (2003). Situação atual e desafios futuros para o sector da pós-colheita nos países em desenvolvimento. *Ata Horticultur.* **628**: 41-48.

Golob, P., Farrell, G. e Orchard, J. E. (Eds). (2002). *Crop post-harvest: science and technology.* Volume 1. Principles and practice. Blackwell science Ltd, uma publicação Blackwell, EUA. pp. 577.

Harris, K. L. e Lindblad, C. J. (Eds). (1978). *Postharvest grain loss methods (Métodos de avaliação da perda de grãos após a colheita)*. Publicado pela American Association of Cereal Chemists (AACC) em cooperação com a League for International Food Education (LIFE), o Tropical Products Institute (TPI), a Food and Agriculture Organization of the United Nations (FAO) e o Group for Assistance on Systems Relating to Grain After harvest (GASGA). pp. 193.

Hassan, M. M. A. (2010). Segurança alimentar: agricultura e relações de género no armazenamento pós-colheita. *An Internat. Multi-Disciplina. J. Ethio.* **4**: 144-152.

Hayma, J. (2003). *O armazenamento de produtos agrícolas tropicais*. Agrodok No. 31. Quarta edição Fundação Agromisa, Wageningen, Países Baixos.

Hill, D. A. e Waller, J. M. (1990). *Pragas e doenças das culturas tropicais*. Vol. 2. Field Hand book. Longman scientific and technical, U. K. pp. 432.

Hodges, R. J., Buzby, J. C. e Bennet, B. (2010). Perdas e resíduos pós-colheita em países desenvolvidos e menos desenvolvidos: oportunidades para melhorar a utilização dos recursos.

Projeto "Fore sight" sobre o futuro da alimentação e da agricultura a nível mundial. *J. of Agricult. Sci.* DOI: 10.1017/S0021859610000936.

Hodges, R. J., Buzby, J. C. e Bennett, B. (2011). Postharvest losses and waste in developed and less developed countries: opportunities to improve resource use" [Perdas e resíduos pós-colheita em países desenvolvidos e menos desenvolvidos: oportunidades para melhorar a utilização dos recursos]. Journal of Agricultural Science 149:37-45.

Howard, J., Said, A. Molla, D., Diskin, P. e Bogale, S. (1995). Toward increased domestic cereal production in Ethiopia. Grain market research project, ministério do desenvolvimento económico e da cooperação. Documento de trabalho nº. 3. Addis Abeba.

http://www.agri.gov.il/download/files/1312course consultado em 14/1/2014.

http://www.aphlis.net/ consultado em 20/9/2014.

http://www.en.wikipedia.org/wiki/ consultado em 20/9/2014

http://www.icipe.org consultado em 5/9/2014.

http://www.rural21.com/uploads/media/rural consultado em 20/9/2014

Ibeanu, V., Onuoha, N., Ezeugwu, E e Ayogu, R. (2010). Conservação e segurança alimentar ao nível do agregado familiar na zona rural de Nsukka, estado de Enugu, Nigéria. *J of Tropic. Agricul. Food, Environ. and Extens.* **9**: 125-130.

Centro Internacional de Melhoramento do Milho e do Trigo (CIMMYT) e Dubin, J.

(2010). Insectos - milho. Acedido a partir de http://cropgenebank.sgrp.cgiar.org/index.php option com. contents and view articles, e id 496 e Item id 678.

Ismaila, U., Gana, A. S., Tswanya, N. M. e Dogara, D. (2010). Produção de cereais na Nigéria: Problems, constraints and opportunities for betterment. *Afric. J. of Agricult. Resear.* **5**: 1341-1350.

Ivbijaro, M. F., Ligan, C. e Youdeowe, A. (1989). Controlo do gorgulho do arroz, *Sitophilus oryzae*, em milho armazenado com óleos vegetais. *Agricult. Ecol. Environm.*

14: 237-242.

Kamanula, J., Sileshi, G. W., Belmain, S. R., Sola, P., Mvumi, B. M., Nyirenda, G. K. C, Nyirenda, S. P. e Stevenson, P. C. (2011). Práticas dos agricultores de gestão de pragas de insectos e utilização de plantas pesticidas na proteção de milho e feijão armazenados na África Austral *Internat. J of Pest Managt.* **57**: 41-49.

Kimatu, J. N., McConchie, R., Xie, X. e Nguluu, S. N. (2012). O papel significativo da gestão pós-colheita na gestão das explorações agrícolas, na mitigação das aflatoxinas e na segurança alimentar na África Subsariana. *Greener J. Agricult. Sci.* **2**: 279-288,

Kimenju, S. C., De Groote, H. e Hellin, H. (2009). *Análise económica preliminar: Custo-eficácia da utilização de métodos de armazenamento melhorados por pequenos agricultores em países da África Oriental e Austral.* Centro Internacional de Melhoramento do Milho e do Trigo (CIMMYT). pp. 17.

López, L. C. e Christensen, C. M. (1967). Effect of moisture content and temperature on invasion of stored corn by *Aspergillus flavus*. *Phytopathol.* **57**: 588-590.

Mikolo, B., Massamba, D., Matos, L., Kenga, L. A., Mbani, G. e Balounga, P. (2007). Conditions de stockage et revue de l'entomofaune des denrées stockées au Congo-Brazaville. *J. Des. Sci.* **7**: 30-38.

Ngamo, L. S. T. e Hance, T. (2007). Diversité des ravageurs des denrées et méthodes alternatives de lute en milieu tropical. *Tropicultura.* **25**: 215-220.

Nukenine, E. N., Monglo, B., Awasom, I., Ngamo, L. S. T., Tchuenguem, F. F. N. e Ngassoum, M. B. (2002). Perceção dos agricultores sobre alguns aspectos da produção de milho e níveis de infestação do milho armazenado por *Sitophilus zeamais* na região de Ngaoundere, nos Camarões. *Camero. J. of Biol. and Biochem. Sci.* **12**: 1830.

Nukenine, E. N. (2010). Proteção de produtos armazenados em África: Passado, presente e futuro. 10ª Conferência Internacional de Trabalho sobre Proteção de

Produtos Armazenados. Ngaoundere, Camarões. DOI: 10.5073/jka.2010.425.1

Obeng-Ofori, D. (2008). Gestão de pragas de artrópodes de produtos armazenados. **Em**: Cornelius, E. W. e Obeng-ofori, D. (Eds). *Postharvest Science and Technology, faculdade de agricultura e serviços ao consumidor.* Universidade do Gana, Legon, Accra. pp. 92-146.

Odeyemi, O. O., Masika, P, e Afolayan, A. J. (2006). Conhecimentos e experiência dos agricultores em matéria de controlo indígena de pragas de insectos na província do Cabo Oriental da África do Sul. *Indilinga -Afric. J. of Indig. Knowl. Sys. 5:* 167-174.

Odogola, W. R. (1994). *Gestão pós-colheita e armazenamento de leguminosas alimentares.* Sistemas técnicos para a agricultura. AGROTEC PNUD/OPS, Harare, Zimbabué. pp. 59.

Ogendo, J. O., Deng, A. L., Belmain, S.R. Walker, D. J. e Musandu, A. A. O. (2004). Efeito de materiais vegetais insecticidas, *Lantana camara* e *Tephrosia vogelii* hook, nos parâmetros de qualidade de grãos de milho armazenados. *J. Food Technol. In Afric.* **9**: 29-36.

Ogendo, J. O., Deng, A. L. Kostyukovsky, M., Matasyoh, J. C. Ravid, U., Bett, P. K., Kariuki, S. T. e Shaaya, E. (2011). Óleos essenciais de plantas como potenciais tóxicos e protectores de produtos alimentares armazenados: Haverá esperança para a segurança alimentar dos pequenos agricultores? *África. Crop. Scie. Conferen. Proceed.* **10**: 231-238.

Ortiz, M. U., Silva, G. A., Tapia, M. V., Rodriguez, J. C. M., Lagunes, A. T., Santillân-Ortega, C., Robles-Bermùdez, A. e Aguilar-Medel, S. (2007). Toxicidade do boldo peumus boldus molina para *Sitophilus zeamais* e *Tribolium castaneum. J. Agricul. Resear.* **72**: 345-349.

Owusu, E. O. (2001). Efeito de alguns componentes de plantas do Gana no controlo de duas pragas de insectos de produtos armazenados de cereais. *J. Stored Prod. Res.* **37**: 85-91.

Owusu, E. O., Osafo, W. K., Nutsukpui, E. R. (2007). Bioactividades de extractos de solventes de madeira de vela, Zanthoxylum xanthoxyloides (LAM.) contra duas pragas de insectos de produtos armazenados. *Afr. J. Sci. and Technol.* **8**: 17-21.

Padin, S., Belo, D. G. e Fabrizio, M. (2002). Perdas de grãos causadas por *Tribolium Castaneum, Sitophilus oryzae e Achantoscelides obtectus* em trigo duro armazenado e feijão tratado com *Beauveria bassiana. J. of Stored Prod. Res.* **38**: 6974.

Pedersen, J. R. e Lee, C. (1996). *Controlo de pragas de produtos armazenados.* Universidade do Estado do Kansas, Manhattan. pp. 63.

Philips, T. W. e Throne, J. E. (2010). Abordagens bio-racionais para a gestão de insectos de produtos armazenados. *Annu. Revi. of Entomo.* **155**: 375-397.

Phiri, N. A. e Otieno, G. (2008). Gestão de pragas de milho armazenado no Quénia, Malawi e Tanzânia. Relatório de inquérito. Centro ODM da África Oriental e Austral, Nairobi, Quénia. pp. 82.

Pimentel, D., Harman, R., Pacenza, M., Pecarsky, J. e Pimentel, M. (1994). Recursos naturais e uma população humana óptima. *Pop. and Environ.* **15**: 347-369.

Poswal, M. A. T. e Akpa, A. D. (1991). Tendências actuais na utilização de métodos tradicionais e orgânicos para o controlo de pragas e doenças das culturas na Nigéria. *Tropic. Pest Manag.* **37**: 329-333.

Pugazhvendan, S. R., Elumalai, K., Ronald Ross, P. e Soundararajan, M. (2009). Atividade repelente de espécies vegetais escolhidas contra *Tribolium castaneum. Worl. J. Zool.* **4**: 188-190.

Rees, D. (2007). *Insectos de grãos armazenados: uma referência de bolso.* Publicação CSIRO. Biblioteca Nacional da Austrália, catalogação na entrada da publicação. Segunda edição. Austrália.

Santos, J. P., Maia, J. D. G. e Cruz, I. (1990). Danos à germinação de sementes de milho causados pelo gorgulho do milho (*Sitophilus zeamais*) e pela traça do grão de

Angoumois (*Sitotroga cerealella*). *Pesquisa Agropecuar. Brasilei.* **25**: 1687-1692.

Schneider, K. e Anderson, L. (2010). Yield Gap and Productivity Potential in Ethiopian Agriculture: Staple Grains and Pulses. Preparado para a equipa de produtividade dos agricultores da Fundação Bill e Melinda Gates. Evans School of Public Affairs, Universidade de Washington, EUA, Evans School Policy Analysis and Research (EPAR) brief no. 98

Shaaya, E., Kostjukovsky, M., Berg, J. E. H. e Sukprakarn, C. (1997). Óleos vegetais como fumigantes e insecticidas de contacto para o controlo de insectos de produtos armazenados. *J. of Stored Prod. Resear.* **33**: 7-15.

Shimelis Admassu (2003). A review of post-harvest sector challenges and opportunities in Ethiopia food technologist, Ethiopian agricultural research organization. Addis Abeba, Etiópia.

Sinha, A. K. e Sinha, K. K. (1990). Pragas de insectos, *Aspergillus flavus* e contaminação por aflatoxinas no trigo armazenado: um estudo no norte de Bihar (Índia). *J. of Stor. Prod. Resear.* **26**: 223-236.

Sinha, A. K. Sinha, K. K. (1990). Pragas de insectos, *Aspergillus flavus* e contaminação por aflatoxinas no trigo armazenado: um estudo no norte de Bihar (ÍNDIA). *J. of Stor. Prod. Resear.* **26**: 223-236.

Tadele Tefera e Adebayo Abass (2012). *Tecnologias pós-colheita melhoradas para promover o armazenamento de alimentos, o processamento e a nutrição familiar na Tanzânia*. Publicado pelo Instituto Internacional de Agricultura Tropical, disponível em http//www.africarising.net. pp. 21.

Tadesse, A. e Eticha, F. (1999). Insectos nocivos do milho armazenado na exploração e respectivas práticas de gestão na Etiópia. *Boletim IOBC.* **23**: 47-57.

Tefera, T., Mugo, S. e Likhayo, P. (2011). Efeitos da densidade populacional de insectos e do tempo de armazenamento nos danos nos grãos e na perda de peso do milho devido ao gorgulho do milho, *Sitophilus zeamais* e à broca do grão maior, *Prostephanus truncatus*. *Afric. J. of Agricult. Resear.* **18**: 2249-2254. DOI: 10.5897/AJAR11.179.

Udo, I. O. (2005). Avaliação do potencial de algumas especiarias locais como protectores de grãos armazenados contra o gorgulho do milho *Sitophilus zeamais*. *J. of Appl. Sci. and Environm. Manag.* **9**: 165-168.

Worku, M., Twumasi-Afriyie, S., Wolde, L., Tadesse, B., Demisie G., Bogale, G., Wegary, D. e Prasanna, B.M. (Eds.) (2012). Enfrentar os desafios das alterações climáticas globais e da segurança alimentar através da investigação inovadora do milho. Actas do Terceiro Workshop Nacional de Milho da Etiópia. México, DF: CIMMYT.

Banco Mundial (2010). *Missing food: the case of postharvest grain losses in SubSaharan Africa [Alimentos em falta: o caso das perdas de cereais pós-colheita na África Subsariana]*. Washington, DC: Banco Mundial. pp. 116.

Banco Mundial (2011). *Missing food: the case of postharvest grain losses in SubSaharan Africa [Alimentos em falta: o caso das perdas de cereais pós-colheita na África Subsariana]*. Washington, DC: Banco Mundial. pp. 116.

Programa Alimentar Mundial (PAM) (2003). Food insecurity in rural Pakistan (Insegurança alimentar nas zonas rurais do Paquistão). Unidade de Análise e Cartografia da Vulnerabilidade (VAM), Programa Alimentar Mundial (PAM) Paquistão.

Programa Alimentar Mundial (PAM) (2009). *Série Fome no Mundo: Fome e Mercados*. Terceira edição. Earths can, Londres.

Organização Mundial de Logística Alimentar (WFLO). (2010). Identification of Appropriate Postharvest Technologies for improving Market Access and Incomes for Small Horticultural Farmers in Sub-Saharan Africa and South Asia (Identificação de tecnologias pós-colheita adequadas para melhorar o acesso ao mercado e os rendimentos dos pequenos agricultores hortícolas na África Subsariana e no Sul da Ásia). Alexandria VA, março.

yes
I want morebooks!

Buy your books fast and straightforward online - at one of world's fastest growing online book stores! Environmentally sound due to Print-on-Demand technologies.

Buy your books online at
www.morebooks.shop

Compre os seus livros mais rápido e diretamente na internet, em uma das livrarias on-line com o maior crescimento no mundo! Produção que protege o meio ambiente através das tecnologias de impressão sob demanda.

Compre os seus livros on-line em
www.morebooks.shop